你好，碳

HELLO, CARBON

北京低碳循环教育咨询有限公司
中国低碳经济发展促进会　著

中国人民大学出版社
·北京·

图书在版编目（CIP）数据

你好，碳 / 北京低碳循环教育咨询有限公司，中国低碳经济发展促进会著. —北京：中国人民大学出版社，2024. 6

ISBN 978-7-300-31214-9

Ⅰ. ①你… Ⅱ. ①北… ②中… Ⅲ. ①环境保护–青少年读物 Ⅳ. ①X-49

中国版本图书馆 CIP 数据核字（2022）第 203857 号

你好，碳

北京低碳循环教育咨询有限公司
中国低碳经济发展促进会 著

Nihao, Tan

出版发行	中国人民大学出版社		
社　　址	北京中关村大街 31 号	**邮政编码**	100080
电　　话	010-62511242（总编室）		010-62511770（质管部）
	010-82501766（邮购部）		010-62514148（门市部）
	010-62515195（发行公司）		010-62515275（盗版举报）
网　　址	http://www.crup.com.cn		
经　　销	新华书店		
印　　刷	北京瑞禾彩色印刷有限公司		
开　　本	889 mm × 1194 mm　1/20	**版　　次**	2024 年 6 月第 1 版
印　　张	2.4	**印　　次**	2024 年 6 月第 1 次印刷
字　　数	18 000	**定　　价**	25.00 元

前言

目前，全球气候变暖是人类面临的最迫切的问题之一。大量的碳排放加剧了温室效应，从而引起全球变暖加剧，造成了规模空前的影响。这一严重的“地球问题”关乎我们所有人的未来。地球是人类赖以生存的家园，我们要关注全球气候变暖，保护我们共同、唯一的家园。

基于此，中国低碳经济发展促进会和北京低碳循环教育咨询有限公司联合推出了《你好，碳》，通过宣传绿色理念，普及低碳知识，将绿色低碳的种子种在每一位读者的心中。

《你好，碳》面向的主要群体是青少年，其内容专注于低碳领域，结合实际进行专题讨论，涵盖生活的方方面面；从真实世界引入，对碳知识进行系统全面的梳理与展示，呼吁读者关注身边的低碳小事，呵护地球，共同创造美好未来。

《你好，碳》旨在引导青少年关注低碳现状，培养低碳意识，增强保护环境的自觉性，学习有效的低碳生活方式，为共同实现低碳未来奠定坚实的基础。

目录

篇章三：我们的低碳生活

篇章四：北京冬奥会展示我们的未来

地球是我们赖以生存的家园，而且地球只有一个，失去它，我们将无家可归。

地球上的碳一直在参与碳循环过程。碳循环是指碳元素在地球的生物圈、土壤圈、岩石圈、水圈及大气圈间进行交换和转移的过程。它包括碳固定与碳释放两个阶段，前者是从大气中吸收碳（主要是二氧化碳）的过程，称为碳汇；后者是向大气中释放碳（主要是二氧化碳）的过程，称为碳源。

在18世纪60年代工业革命开始之前，地球的碳循环相对稳定，植物吸收的含碳温室气体与人类活动所排放的含碳温室气体几乎抵消。温室气体可以阻止地面和低层大气长波辐射逸出大气层，使地球保持适合生物生存的温度，这对人类以及其他数以百万计的物种的生存至关重要。但是在经历了工业化发展、大规模砍伐森林以及规模化农业生产之后，大气中温室气体的含量增长到前所未有的水平。随着人口的增长、经济的发展和人类生活水平的提高，人类活动所造成的温室气体排放总量也不断增加，使地球平均气温不断上升。也就是说，只要我们不断排碳，地球就会不断变热。这是一个简单的物理问题，却是一个严重的“地球问题”。

人类社会高速发展对气候与生态的破坏

大量碳排放加剧了温室效应，从而引起全球变暖加剧。目前，气候变化在全球范围内造成了规模空前的影响：极端天气给我们的日常生活带来了诸多不便，气候变化导致粮食生产面临威胁，而海平面上升造成发生洪灾的风险不断增加，临海城市和国家面临巨大生存危机，许多物种濒临灭绝甚至已经灭绝，等等。全球生态平衡时刻面临破坏风险。

贯彻习近平生态文明思想，牢固树立社会主义生态文明观

很多人不了解保护环境的重要性，肆意践踏自然环境，导致我们赖以生存的唯一家园遭到严重的污染。地球在日益衰竭，我们是时候站出来保护地球了。

习近平生态文明思想为保护我们共同的地球家园指明了方向。贯彻习近平生态文明思想，建设社会主义生态文明是我国社会主义现代化建设事业的重要方面。2020 年 9 月 22 日，在第七十五届联合国大会一般性辩论中，习近平主席代表中国政府向世界正式宣布：中国将提高国家自主贡献力度，采取更加有力的政策和措施，二氧化碳排放力争于 2030 年前达到峰值，努力争取 2060 年前实现碳中和。要实现这一目标，建设好社会主义生态文明，我们首先要牢固树立社会主义生态文明观，做到与自然和谐共处，为保护生态环境做出不懈努力。

2020 年 9 月 22 日
中国正式提出

2030 年前
碳达峰

2060 年前
碳中和

薪火相传、生生不息

资源是我们生存和发展所赖以的重要物质基础。环境不仅制约着我们的发展，更影响着我们的生存质量。在低碳环保意识日益提升的今天，作为肩负国家未来发展重任的新时代青少年，要有担当，要牢固树立可持续发展意识。保护环境不是空头口号，而是从你我做起，从身边小事做起，倡导节能降碳，增强保护环境的自觉性，养成勤俭节约、低碳环保的习惯，为地球增添一份绿意。

《联合国气候变化框架公约》

自20世纪80年代起，全球气候变化问题引起了各国政府和国际社会的普遍关注。1988年，联合国环境规划署和世界气象组织成立了政府间气候变化专门委员会，研究气候变化的科学知识、影响及对策等问题。1990年12月，联合国大会决定成立政府间谈判委员会，开始起草一份气候变化框架公约（《联合国气候变化框架公约》）。1992年，联合国环境与发展大会召开，通过了《联合国气候变化框架公约》。截至目前，公约共有198个缔约方。

中国向世界承诺：

到2030年

单位国内生产总值二氧化碳排放

比2005年下降65%以上；

二氧化碳的排放力争于2030年前达到峰值；

努力争取2060年前实现碳中和。

《京都议定书》

1997 年，在《联合国气候变化框架公约》缔约方第三次大会上，经过多轮谈判，《京都议定书》正式通过，以国际法律文件的形式确定了发达国家在 2008—2012 年的温室气体减排目标。2011 年，德班世界气候大会通过一系列成果文件，确定了 2013—2020 年，即《京都议定书》第二承诺期的温室气体减排目标。

《巴黎协定》

2015 年，《巴黎协定》在第 21 届联合国气候变化大会上获得通过，正式对 2020 年后的全球气候治理进行了制度性安排。该法律协定于 2015 年 12 月 12 日诞生，其长期目标是：把全球平均气温升幅控制在工业化前水平以上 2°C 之内，并努力将气温升幅控制在工业化前水平以上 1.5°C 之内。

什么是“碳达峰”“碳中和”？

碳中和

一般是指国家、企业、产品、活动或个人在一定时间内直接或间接产生的二氧化碳或温室气体排放总量，通过植树造林、节能减排等形式予以抵消，达到相对“零排放”。

碳达峰

指在某一个时点，二氧化碳的排放不再增长、达到峰值，之后逐步回落。碳达峰是二氧化碳排放量由升转降的历史拐点，标志着碳排放与经济发展实现脱钩。达峰目标包括达峰年份和峰值。

“双碳”战略目标

“双碳”战略目标的内容

中国力争于2030年前实现碳达峰，2060年前实现碳中和。

“双碳”战略目标的意义

- 是中国主动承担应对全球气候变化责任的大国担当的体现。
- 是加快生态文明建设和实现高质量发展的重要抓手。
- 是推进企业贯彻新发展理念，实现创新驱动的绿色低碳高质量发展的关键战略。

“双碳”战略目标的举措

北京
BEIJING

碳排放稳中有降，碳中和迈出坚实步伐，为应对气候变化做出北京示范。

上海
SHANGHAI

绿色消费理念深入人心，共享经济、二手市场蓬勃发展，绿色出行、光盘行动广泛践行，主动减少包装物和塑料制品等一次性用品使用的意识不断加强。生活垃圾分类全面深入推行，已逐步成为低碳生活新时尚。

广东
GUANGDONG

为完成“双碳”目标，广东将推动经济社会发展全面绿色转型，强化绿色低碳发展规划引领、优化绿色低碳发展区域布局、加快形成绿色生产生活方式。

什么是“碳标签”？

碳标签是为了应对气候变化，减少温室气体的排放，推广低碳排放技术，把商品在生产过程中的温室气体排放量在产品标签上用量化指数标示出来，以标签的形式告知消费者关于产品的碳信息，从而引导消费者选择低碳的产品。

碳标签标识说明

什么是“碳足迹”？

大自然中有各种各样的足迹，其中有一种足迹是看不见摸不着的，那就是“碳足迹”。“碳足迹”指个人、家庭、机构或企业的碳耗用量。“碳足迹”中的“碳”是由碳元素构成的自然资源，比如石油、煤炭、木材等。“碳”消耗得越多，导致地球变暖的主要元凶二氧化碳制造得也越多，“碳足迹”就越大；反之，“碳足迹”就越小。

其实，我们每个人都有自己的“碳足迹”，它指我们每个人的温室气体排放量，以二氧化碳为标准计算。这个概念以“足迹”为比喻，形象地说明了我们每个人都在不断增多的温室气体中留下了自己的痕迹。调查显示，一件250克的纯棉T恤，从原材料供应到最后的回收或焚烧，消耗的能量约等于30度电，二氧化碳排放量为7千克。

每个人的生活方式都会直接影响到地球。例如，饮食、用水、用纸、用电、度假、出行、垃圾处理……这些都与碳排放相关。碳排放量的多与少由你决定。有人认为，碳排放量减少必然导致生活质量的降低。不一定！我们认为，在维持一定的生活质量且仍能使自己开心的基础上，还是可以做到保护环境、节能减排的。

“碳足迹”的提出是为了让人们增强环保意识。许多网站提供了专门的“碳足迹计算器”，只要输入相关情况，不仅可以计算某种活动的“碳足迹”,还可以估算全年的“碳足迹”总量。也就是说，“碳足迹”越大，说明你对全球变暖要担负的责任越大。比如，乘飞机飞行 1 100 千米，会排放 302.5 千克二氧化碳，需要种 1.4 棵树来补偿；消耗 100 度电，会排放 99.7 千克二氧化碳，需要种 0.5 棵树来补偿；使用 1 000 升洗衣液，会排放 800 千克二氧化碳，需要种 3.6 棵树来补偿。我们要时刻关注自己的“碳足迹”，在做某件事情或者制定计划之前，都应该粗略计算一下将要产生的碳消耗，提醒自己尽量减少“碳足迹”。人人低碳，生活将更美好。

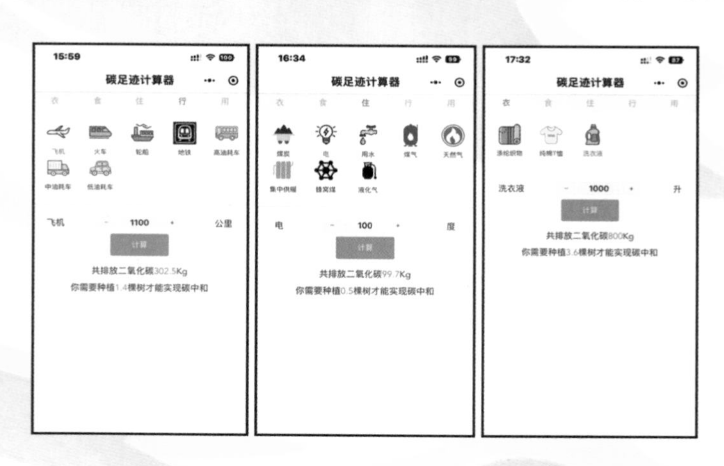

什么是“碳排放”？

“碳排放”是关于温室气体排放的一个总称或简称。二氧化碳是温室气体的主要类型之一，因此人们简单地将碳排放理解为二氧化碳排放。

人类的任何活动都有可能造成碳排放，各种燃油、燃气、石蜡、煤炭等在使用过程中都会产生大量二氧化碳，城市运转、人们的日常生活、交通运输也会排放大量二氧化碳。例如，买一件衣服，消费一瓶水，就连叫个外卖都会在生产和运输过程中产生二氧化碳。所有的燃烧过程（人为的、自然的）都会产生二氧化碳，比如做饭。有机物在分解、发酵、腐烂、变质的过程中也会产生二氧化碳。事实上，碳排放和我们的衣食住行息息相关。

相关名词解释

人为排放

指人类活动引起的各种温室气体、气溶胶，以及温室气体或气溶胶的前体物的排放。这些活动包括各类化石燃料的燃烧、毁林、土地利用变化、畜牧业生产、化肥的施用、污水处理以及工业流程等。

直接排放

指在定义明确的边界内各种活动产生的物理排放，或在某个区域、经济部门、公司或流程内产生的排放。例如，煤炭、石油、天然气等化石能源燃烧和工业生产过程等产生的温室气体排放。

间接排放

指在定义明确的边界内，如某个区域、经济部门、公司或流程的边界内各种活动产生的后果，但排放是在规定的边界之外发生的。例如，如果排放与热量利用有关，但物理排放却发生在热量用户的边界之外，或者排放与发电有关，但物理排放却发生在供电行业的边界之外，那么这些排放就属于间接排放。例如，因使用、消耗外购的电力、热力和蒸汽而隐含的排放，生产活动上、下游产生的相关排放。

气候变化

指气候平均状态统计学意义上的巨大改变或者持续较长一段时间（典型的为30年或更长）的气候变动。气候变化不但包括平均值的变化，而且包括变率的变化。《联合国气候变化框架公约》将气候变化定义为：除在类似时期内所观测的气候的自然变异之外，由于直接或间接的人类活动改变了地球大气的组成而造成的气候变化。

温室气体

指大气中那些吸收和重新放出红外辐射的自然的和人为的气态成分。该特性可导致温室效应。水汽（H_2O）、二氧化碳（CO_2）、氧化亚氮（N_2O）、甲烷（CH_4）和臭氧（O_3）是大气中主要的温室气体。此外，大气中还有许多完全由人为因素产生的温室气体，如《蒙特利尔议定书》所涉及的破坏臭氧层的氯氟碳化物，哈龙与其他含氯、含溴和含氟物。除 CO_2、N_2O 和 CH_4 外，《京都议定书》还将六氟化硫（SF_6）、氢氟碳化物（HFCs）和全氟化碳（PFCs）定义为温室气体。

篇章三 我们的低碳生活

什么是低碳生活？

低碳生活就是指生活中所耗用的能量要尽可能地减少，从而减少碳，特别是二氧化碳的排放量，减轻对大气的污染，减缓生态环境的恶化。

具体地说，低碳生活就是在不降低生活质量的前提下，通过改变一些生活方式，充分利用高科技以及清洁能源，减少煤、石油、天然气等化石燃料和木材等含碳燃料的耗用，减少二氧化碳排放量，减少能耗，减轻环境污染，达到遏制气候变暖和环境恶化的目的。

低碳生活以低能耗、低污染、低排放为特征。这代表着更健康、更自然、更安全的消费理念，最终实现人与自然和谐共处。

低碳生活措施

- 淘米水可以用来洗手、擦家具等，不但干净卫生，而且自然滋润。
- 将废旧报纸铺垫在衣橱的底层，不仅可以去潮，还能吸收衣柜中的异味。
- 用过的面膜不要扔掉，可以用来擦首饰、家具的表面或者皮带，不仅擦得亮，还能留下香气。
- 把喝过的茶叶渣晒干，可以做茶叶枕头，不仅舒适，还有助于改善睡眠质量。
- 出门购物时自己带环保袋，无论是免费还是收费的塑料袋，都要减少使用。
- 出门自带水杯，减少一次性杯子的使用。
- 尽量避免使用一次性餐具。
- 养成随手关闭电器电源的习惯，避免浪费。

低碳生活 从我做起

衣

- 我穿小的衣服都会送给弟弟妹妹，或者捐赠出去，基本无浪费。
- 四季衣物购置合理，衣服多是棉质、亚麻和丝绸的。
- 合理使用洗衣机，使用环保洗衣液。

食

- 一日三餐的量刚好够我们吃饱，全家人都在践行光盘行动。
- 节约用水，洗菜水可用来拖地、冲厕。
- 少点外卖。

住

- 我家都用节能电灯。
- 冬天基本用电暖器和电热毯取暖。
- 夏天使用电风扇，天气炎热时将空调控制在合适的温度（26°C~28°C）。
- 冰箱保持恒温，少看电视。
- 尽量少乘坐电梯。

行

我和家人的主要交通工具为公共交通工具（公交车、地铁等）、电动车和自行车，必要时才开车。

- 刷牙时把水龙头关上，否则 10 天就可能会流掉半吨水。
- 把马桶水箱里的浮球调低 2 厘米，一年可以省下约 4 立方米水。
- 缩短淋浴时间，减少热水的使用。每次洗澡时可播放 10~20 分钟的音乐，要求自己和家人在音乐结束前洗完澡。
- 安装节能莲蓬头、水龙头或省水器，投入不大，节水效果显著。
- 洗干净同一辆车，用桶盛水擦洗的用水量只是用水龙头冲洗用水量的 1/8。

- 所有电器用毕要随手关掉电源，不要让电器长时间处于待机状态。
- 尽量将冰箱放置在背阴的地方，避免阳光直射；冰箱里存放的食品与箱壁之间、食品与食品之间均应留出空隙，从而有利于冷空气的流通，这样既省电，也有利于食品的保鲜。
- 使用节能灯泡，它的耗电量是传统白炽灯的 1/4，寿命却是传统白炽灯的数倍（有条件的家庭还可选用更加节能、寿命更长的 LED 灯）；还可给灯具装上调光开关或计时器。
- 关掉不用的电脑程序，减少硬盘工作量，这样既省电，也有利于维护电脑。
- 调节好电视机的亮度，音量不要过大；全家人观看同一台电视机，关掉其他电视机及电脑等设备。

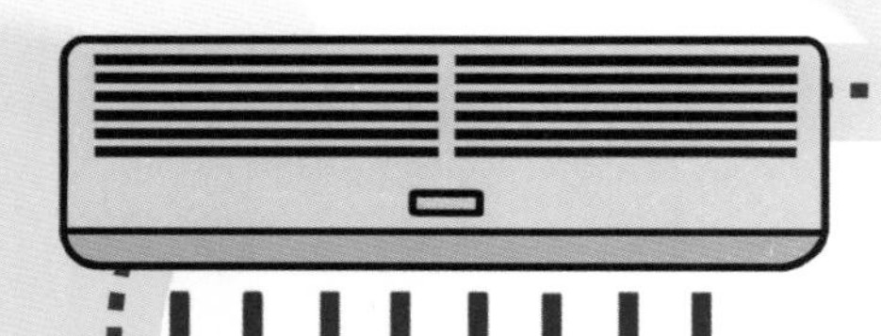

- 夏天，空调温度不要设得太低，每调高 1°C 可少耗 7%~10% 的电。
- 早晚打开窗户，让凉气流入室内。白天时遮住窗户，可阻挡灼热阳光。
- 定期检查并清洗空调，能让空调效率更高，有效减少用电量。
- 将衣服晾在室外自然风干或晒干，省去烘衣程序。

- 冬天居家时，若健康状况允许，可将暖气温度调到20°C 以下。如果暖气温度设定超过 20°C，每调高 1°C 就会多耗 3%~5% 的热能。
- 家中没人时拉上窗帘，避免热量的散失。
- 用硅胶把门框、窗框周围的缺口和缝隙补好，避免冷空气进入室内。
- 为开放阳台加装保温帘，到了晚上拉上，可起到保温作用。
- 冬季室内热量的 40% 是通过窗户玻璃散失的，特别是一些有落地窗的家庭，可粘贴玻璃保温膜或涂刷玻璃保温涂料。

让我们一起创建快乐低碳家庭！

爱护环境 植树造林

支持新能源商品

低碳运动 健康饮食

选择公共交通工具

说明：垃圾分类图中的垃圾箱色以北京市为例绘制，各地略有不同。

家居低碳节能

家庭节水方式

- 关好水龙头。用完水后要关好水龙头。
- 用盆洗菜。不要直接用流水洗菜，尽量用盆洗菜。
- 利用生活废水冲厕。冲厕用水的来源广泛，可收集洗衣水、洗菜水、洗澡水等用来冲厕。

空调节能方式

- 减少使用时间。如早晨到中午前不开空调；睡觉前，若室内温度已经降下来，可关闭空调；室内通风状况好时，可打开窗户，用自然通风代替空调。
- 出门前提前几分钟关闭空调。
- 夏季开空调巧用窗帘。夏季使用窗帘遮挡窗户，以避免日光直射，可直接节电约 5%。

洗衣机节能方式

- 选用节能洗衣机。节能洗衣机可比普通洗衣机节电50%、节水60%，每台节能洗衣机每年可节能约3.7千克标准煤，相应减排二氧化碳9.4千克。
- 集中洗涤衣物，减少漂洗次数。
- 提前浸泡衣服会更省电。洗衣服之前，先把脏衣服在液体皂或洗衣粉溶液中浸泡10~20分钟，待洗涤剂与衣服上的污垢发生反应后再洗涤，可缩短洗涤时间，有利于节电。

低碳休闲娱乐

培养低碳生活的好习惯，
为改善生活环境而努力，
为绿色可持续发展做贡献。

出门购物的低碳方式

- 减少开车去购物的次数，以减少二氧化碳的排放。
- 上班族可以选择在下班回家途中购物，不仅省时，还减少了专门外出购物可能带来的二氧化碳排放。

选购商品的低碳方式

- 选购低碳商品。如多购买有绿色产品标识和无公害农产品标识的产品。
- 购买本地产品。减少购买外地产品，尤其是从境外进口的产品。从境外进口的产品在长距离运输过程中会产生大量二氧化碳的排放。

选择低碳的包装方式

- 购买包装简单的产品，少买独立包装的产品，多买家庭装或补充装，少用塑料袋。
- 选择那种装在可反复利用的容器内的商品，这样可以反复使用这些容器。

低碳的休闲娱乐方式

- 书法、绘画：两者是非常有益于身心的高雅休闲活动，可培养青少年的艺术素养，使他们继承并发扬中华优秀传统文化；对于儿童来说，还可以训练手指、手腕和手臂的协调性和灵活性，促进大脑的发育，培养细致耐心、自觉认真的良好学习习惯。
- 放风筝：青少年在放风筝时，可以仰望蓝天，舒展筋骨，尽情地呼吸新鲜的空气；能使人心胸开阔、心情愉悦；可以健脑健身，尤其是调节和改善视力。

垃圾分类

培养垃圾分类的好习惯，
为改善生活环境而努力，
为绿色可持续发展做贡献。

“双碳”战略背景下的垃圾分类

“双碳”目标是中国对世界的庄严承诺，是勇担责任的主动选择。而垃圾分类是每个人都可以做到，践行绿色低碳生活的一种重要方式。为实现“双碳”目标，我们每个人都要行动起来。

垃圾分类的目的及意义

- 目的

利用现有的生产水平，将丢弃物按品类处理，将有效物质和能量利用起来，将无用垃圾无害化处理，实现低碳环保。

- 意义

减少废弃物污染，保护生态环境。变废为宝，有效利用资源。

学会给垃圾分类

可回收物	废纸张、废塑料、废玻璃、废金属和废旧纺织物等
有害垃圾	过期药物、荧光灯管、蓄电池、油漆桶、水银温度计等
厨余垃圾	剩菜剩饭、细小骨头、茶叶渣、果壳果皮、植物残枝落叶等
其他垃圾	砖瓦陶瓷、大棒骨、渣土、纸巾、食品袋、食品盒等

低碳校园

保护校园环境，生态优先

- 看见纸屑、果皮“躺”在地上，应主动捡起来，扔进垃圾桶。
- 不随手乱扔垃圾。
- 爱护花草树木。
- 宣传垃圾分类知识，监督身边的人爱护校园。

通过校园碳汇来减碳

学校可以采用覆土植草屋面、建造平台花园、垂直绿化等方式增加建筑物的有机表面，以减小建筑物的冷（热）负载，同时吸收二氧化碳，为校园碳汇减排做贡献。

节约用纸

草稿纸可以重复利用，还可以把字写得稍小一些，这样就可以节省更多的练习本和白纸。

节约用水、节约用电

- 发现教室的空调、电风扇、电脑、电灯没关时，应主动关闭。
- 发现水龙头没关时，应立即关上。

尽可能实施数字化教学

利用计算机、网络技术及电子设备，实现数字化教学。

碳标签商品

碳标签商品的推出，为消费者提供了清晰的“环保选择”指引，具有以下重要意义：

01 引导消费者改变消费观念

02 促使选择环境友好型商品

03 帮助减少温室气体的排放

04 缓解气候变化带来的影响

- 现在国际上已经有很多国家推行碳标签制度，如英国、美国、德国、日本、韩国等。其中，韩国碳标签发展较好，据不完全统计，韩国碳标签已经涉及数千种产品。
- 中国碳标签已经贴在了 LED 灯、电视机、鸡蛋以及有机山茶油等产品上，未来会有更多的产品贴上中国碳标签。

鸡蛋
正大蛋业（山东）有限公司

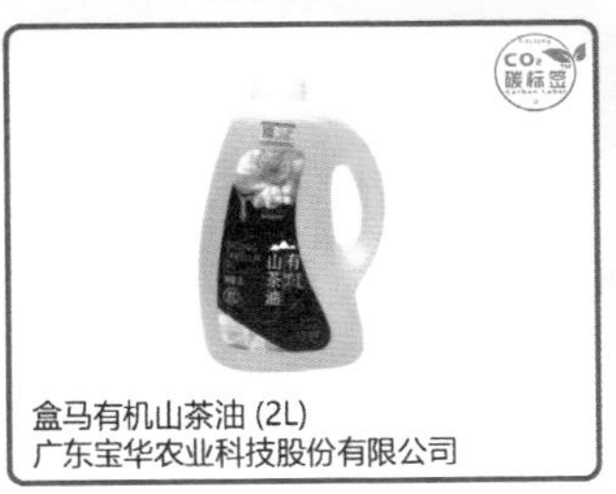

盒马有机山茶油 (2L)
广东宝华农业科技股份有限公司

蒲江爱媛橙
成都集农农业科技发展有限公司

电动自行车
雅迪科技集团有限公司

多功能金属板
邦得科技控股集团有限公司

液晶电视机
TCL王牌电器（惠州）有限公司

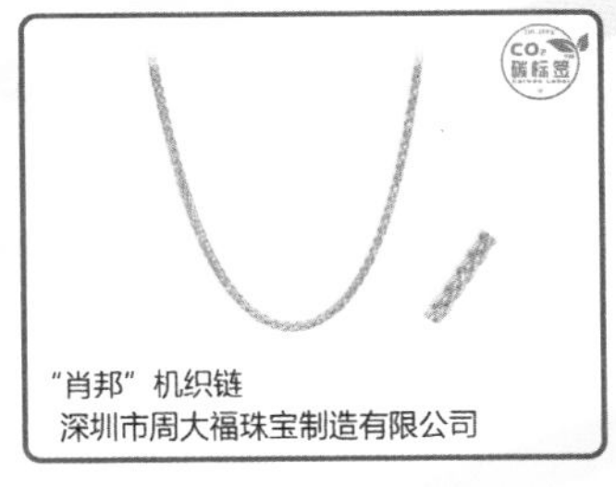

“肖邦”机织链
深圳市周大福珠宝制造有限公司

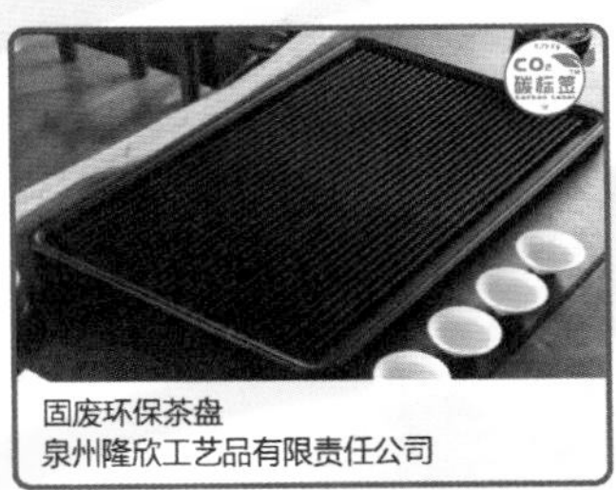

固废环保茶盘
泉州隆欣工艺品有限责任公司

篇章四 北京冬奥会展示我们的未来

低碳在身边，一起向未来

作为世界上第一个“双奥之城”，北京将“绿色办奥”的理念贯穿 2022 年冬季奥运会筹办全过程，让整个冰雪之城变得绿意盎然、富有生机。

“绿色办奥”理念居于四大办奥理念之首，力求将“绿色筑底”落实到位，以实际行动引领低碳能源、低碳场馆、低碳交通等工作稳步推进，落实可持续性政策，制定可持续性计划，形成了一批可持续的绿色办奥成果。

“张北的风点亮北京的灯”，这句话不仅描绘出浪漫诗意的画面，也是中国“绿色办奥”庄严承诺的重要组成部分。冬奥会期间三大赛区所有场馆首次实现全部绿色电能供应，城市绿色电网实现全面覆盖。绿色电能助力点亮了一座座奥运场馆，也点亮了北京的万家灯火。

北京冬奥会首次实现奥运会碳中和。冬奥会所使用场馆中的国家速滑馆“冰丝带”，是世界上第一座采用二氧化碳跨临界直冷系统制冰的大道速滑馆，碳排放趋近于零。该举措避免了使用传统制冷剂氟利昂对臭氧层的破坏，同时也通过回收制冰过程中的余热节约了 30% 的能耗。

“氢”装上阵。氢能是一种绿色低碳且应用广泛的二次能源，是大规模、长周期储能的理想选择，可以广泛应用于交通、工业、建筑等领域。在保证参赛选手和后勤保障人员安全的基础上，北京冬奥会节能与清洁能源车辆占全部赛事保障车辆的84.9%，可实现减排一万多吨二氧化碳。此次清洁能源车的使用占比为历届冬奥会最高，也让世界看到了中国氢能产业的发展前景。

低碳能源、低碳场馆、低碳交通是北京落实“绿色办奥”理念的生动实践，充分彰显了中国在办奥过程中的用心。北京冬奥会不仅严格实施低碳管理，还首次将奥运竞技、绿色科技、区域化、产业文化、脱贫攻坚巧妙融为一体，创造了大量绿色奥运遗产。

北京冬奥会的绿色低碳实践，已经成为中国亮丽底色的实践典范，描绘出了中国绿色可持续发展的优美画卷。“十四五”时期，是面向2035年美丽中国建设目标起步开局的五年，是推进碳达峰碳中和目标的关键期，绿色冬奥的每一处都凝聚着中国科技的力量，无不体现着我们为实现“双碳”目标所做的艰苦努力。北京冬奥会从交通、能源、建筑、碳汇四方面入手，充分运用绿色低碳、智慧服务、人工智能等前沿技术，为世界各国打造出一个可复制、可推广、有智慧的绿色样板，向世界展示了中国方案。

在推动奥林匹克运动发展过程中，北京冬奥会是面向未来的重要里程碑，不仅带动三亿人参与冰雪运动，更让人民对绿色生活方式有了更直接、更深层次的体会。接下来，中国将传承绿色冬奥精神，让世界看到绿色中国的宏伟蓝图和坚定决心。下一步，中国将以实现减污降碳协同增效为总抓手，统筹污染防治、生态保护和应对气候变化，促进经济社会发展全面绿色转型，扎实做好碳达峰碳中和工作，推进生态环境持续改善。

—— 低碳生活倡议书 ——

亲爱的同学们：

为了保护我们赖以生存的地球，为了我们美好的明天，从现在开始，让我们开启低碳生活！

希望每一位同学都能做低碳生活的践行者，让低碳行为成为一阵风，吹向每一个角落，用我们的方式，尽我们的力量，共同建设绿色环保的大家园！

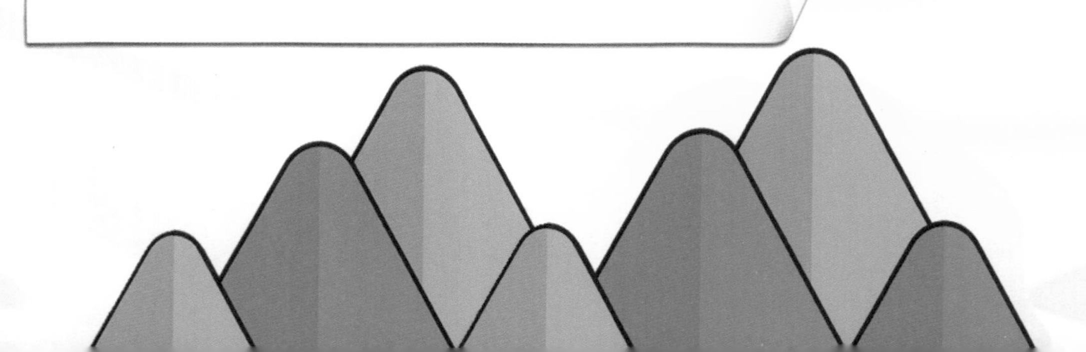

后记

青少年是祖国的未来，是民族的希望。作为新时代的中国青少年，树立正确的社会主义生态文明观、可持续发展观是必要且重要的。《你好，碳》致力于向青少年展现一幅简约而完整的低碳生活画卷，呼吁青少年从现在起树立低碳生活意识，从生活小事开始，节能降碳，勤俭节约，与自然和谐相处，保护生态环境，守护我们共同的家园。

全民关注低碳，做低碳生活的宣传者；全民践行低碳，做低碳生活的推动者。

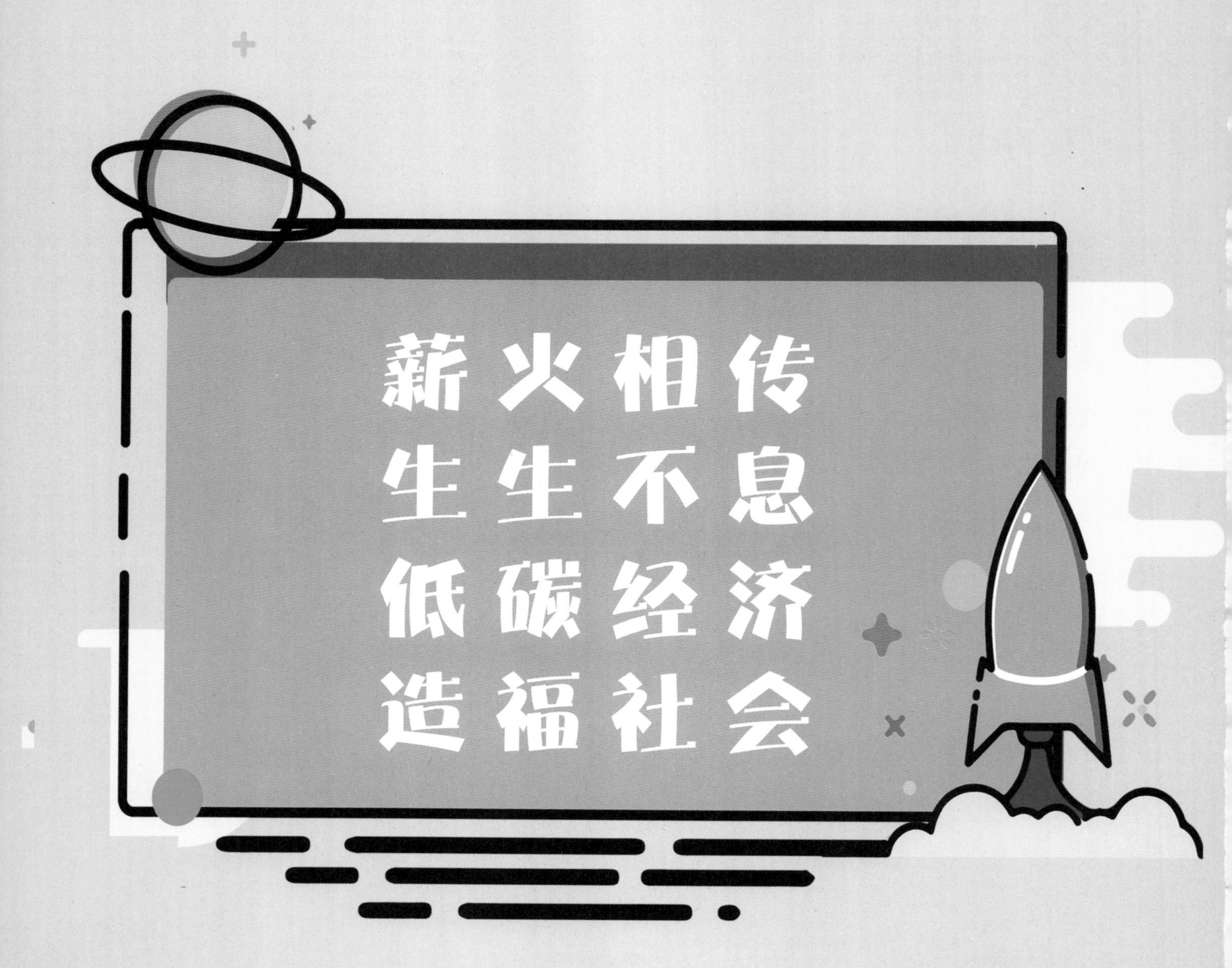
薪火相传
生生不息
低碳经济
造福社会